CONGRÈS

DES

SOCIÉTÉS HIPPIQUES D'ALGÉRIE

Tenu à Alger, les 29 et 30 Octobre 1897.

PROCÈS-VERBAL DES SÉANCES

ALGER

IMPRIMERIE ORIENTALE, PIERRE FONTANA ET COMPAGNIE

1897

CONGRÈS

DES

SOCIÉTÉS HIPPIQUES D'ALGÉRIE

Tenu à Alger, les 29 et 30 Octobre 1897.

PROCÈS-VERBAL DES SÉANCES

ALGER

IMPRIMERIE ORIENTALE, PIERRE FONTANA ET COMPAGNIE

1897

CONGRÈS

DES

SOCIÉTÉS HIPPIQUES D'ALGÉRIE

Tenu à Alger les 29 et 30 octobre 1897.

PROCÈS-VERBAL DES SÉANCES

La séance est ouverte le 29 octobre, à 8 heures du matin, au Palais Consulaire.

Prennent part aux travaux du Congrès :

MM. DUBOULOZ et JULIEN, pour la Société hippique d'Aïn-Beïda.

F. ALTAIRAC, pour la Société hippique d'Alger.

BÉDOUET, pour les Sociétés hippiques d'Aïn-M'lila et de Batna.

DESCOURS, pour les Sociétés hippiques d'Aïn-Témouchent et de St-Denis-du Sig.

MASSEPORT, pour la Société hippique de Biskra.

RICCI, pour les Sociétés hippiques de Blida et de Sétif.

CAILLAT et HOINGNE, pour la Société hippique de Boufarik.

SÉNAC-PAGÈS et GOUSSOLIN, pour la Société hippique de Bougie.

DUBOURG et ORSINI, pour la Société hippique de Bône.

BUHOT, pour la Société hippique de Constantine.

BROUSSAIS, pour la Société hippique des Issers.

GROSCLAUDE et VIVIERS, pour la Société hippique de Mostaganem.

MM. Parent, pour la Société hippique de Mouzaïaville.
Allézard pour la Société hippique d'Orléansville.
Divielle, pour les Sociétés hippiques de Perrégaux et de Sidi-bel-Abbès.
Albouy, pour la Société hippique de Relizane.
Blasselle, pour la Société hippique de Tébessa.
Barbier et Castela pour la Société hippique de Souk-Ahras.

Le bureau est ainsi constitué : MM. Altairac, *président* ; Ricci, *secrétaire*.

On aborde, aussitôt après la vérification des pouvoirs, l'examen de la disposition fondamentale. La question des races est longuement débattue et finalement renvoyée après examen des différents articles du Code. Reprise à la fin du Congrès, elle est tranchée comme suit :

Disposition fondamentale.

Ne sont admis dans les courses que les chevaux entiers et juments de race barbe, arabe ou produits de leur croisement entre elles, nés et élevés en Algérie ou en Tunisie.

Toutefois, les Sociétés auront la faculté d'organiser des courses pour chevaux de toutes races, nés et élevés en Algérie ou en Tunisie, mais sans pouvoir leur affecter plus de la moitié des sommes distribuées en prix. Dans ces courses, les produits de pur sang anglais ou ayant plus de 75 % de sang anglais porteront les surcharges suivantes : à 2 ans, 6 kilos ; à 3 ans, 8 kilos ; à 4 ans, 10 kilos ; à 5 ans et au-dessus, 12 kilos. Les autres chevaux courront sans surcharges pour races.

Les produits nés en dehors de l'Algérie pourront être admis dans les courses dont les prix consistent en objets d'art et ils porteront une surcharge complémentaire de 3 kilos.

(Tous les notas sont maintenus).

L'examen du Code des courses donne lieu aux modifications ou approbations suivantes :

Code des Courses.

ARTICLES 1 à 7. — *Maintenus.*

ART. 8. — *Supprimé* et remplacé par :

Toute personne qui engage un cheval, pour une course, se soumet par là même à l'application du présent Code dans toutes ses dispositions.

Si le cheval appartient à plusieurs propriétaires, s'il a été acheté sous certaines réserves ou loué avec des redevances conditionnelles, il faut, pour qu'il puisse être valablement engagé dans une course, qu'une déclaration conforme ait été auparavant déposée au Secrétariat de la Société d'Encouragement.

Les engagements se font, à peine de nullité, par écrit ou par télégramme, au domicile et à l'heure indiqués par le programme. Tout engagement arrivé après l'heure fixée est nul de plein droit, même dans le cas où le retard serait justifié par des raisons de force majeure.

ART. 9. — *Supprimé* et remplacé par :

Tout engagement doit contenir la désignation exacte du cheval, son âge et son origine, si elle est connue, et l'indication du montant des gains. — L'âge sera celui pris par le cheval sur les trois premiers hippodromes d'Algérie où il aura couru, à la condition qu'il ait été constaté officiellement chaque fois par la Commission assistée d'un vétérinaire.

Dans les courses réservées par le programme aux chevaux barbes et arabes, les Commissaires de chaque Société auront le droit absolu d'accepter ou de refuser les chevaux, munis ou non de certificats de naissance, à prendre part à la course.

Les chevaux engagés dans ces courses devront être présentés aux Commissaires, avant la course, aux jour, lieu et heure qui seront indiqués aux propriétaires par les programmes, et les Commissaires statueront sur l'admission ou le refus des chevaux, sans être tenus de fournir aucun motif.

Dans les courses ouvertes par le programme à tous chevaux nés et élevés en Algérie ou en Tunisie, les Commissaires procéderont comme ci-dessus au classement des chevaux dans la catégorie des barbes et anglo-arabes ou bien dans celle des purs-sang et assimilés. Les chevaux devront porter les surcharges indiquées par le Code suivant la catégorie dans laquelle les Commissaires les auront classés.

Les engagements des chevaux sont toujours censé avoir été acceptés par les Sociétés, sous réserve de l'examen ultérieur indiqué ci-dessus, et du droit pour les Commissaires, soit d'exclure les chevaux des courses réservées aux barbes et arabes, soit de les classer dans une autre catégorie que celle déclarée par les propriétaires, dans les courses ouvertes à tous chevaux. En conséquence, le propriétaire d'un cheval exclu ou autrement classé, ne pourra se prévaloir, à aucun titre, de l'acceptation de son engagement ni du déplacement de son cheval qu'il aura fait à ses risques et périls.

Dans le cas seulement de refus d'un cheval dans les courses réservées aux barbes et arabes, le montant des entrées devra être remboursé au propriétaire. Il n'en sera pas de même dans les courses ouvertes à tous chevaux où l'entrée est toujours acquise, alors même que le classement fait par les Commissaires serait différent de celui indiqué par le propriétaire dans l'engagement.

La décision des Commissaires dans les cas ci-dessus est susceptible d'appel devant les Commissaires de la Société d'Encouragement institués par l'art. 19 du règlement de la Société d'Encouragement. En cas d'appel, les chevaux courront provisoirement sous la qualification qui leur aura été attribuée par le propriétaire dans l'engagement, mais le prix sera réservé, jusqu'au jugement des Commissaires de la Société d'Encouragement.

Les dispositions ci-dessus ne sont pas applicables aux chevaux inscrits au Stud-Book, lesquels sont, de plein droit, qualifiés par leur inscription.

Art. 10, 11, 12 et 13. — *Maintenus*.

Art. 14. — *Maintenu* et ajouté :

Il en est de même, lorsque pour un prix à réclamer, la lettre d'engagement mentionne un prix de vente différent de celui ou de ceux prévus par les conditions de la course.

Art. 15, 16 et 17. — *Maintenus*.

Art. 18. — *Supprimé* et remplacé par :

Aucun cheval n'aura le droit de porter le même nom qu'un autre cheval ayant couru depuis moins de cinq ans.

Art. 19. — *Maintenu*.

Art. 20. — *Maintenu* et complété ainsi :

A défaut des preuves ci-dessus, un cheval est toujours considéré comme vendu sans ses engagements. Quand un cheval est vendu sans ses engagements, le vendeur conserve le droit d'en disposer et il peut accorder ou refuser à l'acquéreur l'autorisation d'en profiter.

Art. 21 à 42 inclus. — *Maintenus*.

Art. 43. — *Maintenu* et complété par :

Le temps accordé pour une course ne pourra jamais se prolonger au delà de 15 minutes après que le signal du départ a été donné. Passé ce délai, le prix sera acquis au fonds de course.

Art. 44, 45, 46, 47 et 48. — *Maintenus*.

Art. 49. — *Maintenu* et complété par :

Lorsque dans une épreuve nulle, un ou tous les chevaux arrivés premiers ont l'âge de 2 ans, cette épreuve ne peut être recourue et les propriétaires sont tenus de partager le prix.

Art. 50. — *Maintenu*.

Art. 51. — *Supprimé* et remplacé par :

Les parties liées pour poulains de 3 ans sont autorisées à partir du mois d'août et sur une distance ne dépassant pas 1,500 mètres.

Art. 52 à 59. — *Maintenus.*

Art. 60. — *Supprimé* et remplacé par :

Dans les courses en partie liée, aucun propriétaire ne peut faire coúrir plus d'un cheval lui appartenant en totalité ou en partie, quand même les chevaux seraient engagés sous des noms différents.

Sont formellement interdits tous arrangements par lesquels les propriétaires des chevaux partants s'intéresseraient les uns les autres dans leur chance de gagner.

Des chevaux entraînés dans la même écurie ne peuvent pas courir dans une course en partie liée, bien qu'ils appartiennent à des propriétaires différents.

Art. 61. — *Supprimé.*

Art. 62. — *Maintenu.*

Sauf que les mots *lettre cachetée* sont remplacés par les mots *soumission écrite.* — Cet article prend le n° 61.

Art. 62 *bis*. — *Maintenu.*

Cet article prend le n° 62.

Art. 63. — *Maintenu.*

Sauf remplacement du mot *lettre* par *soumission.*

Art. 64. — *Maintenu* et complété ainsi :

Si une objection est faite contre le gagnant ou un des chevaux placés, avant qu'il ait été vendu ou livré, le délai pour la vente ne commence, ou la livraison n'a lieu qu'au moment fixé par les Commissaires après qu'ils ont rendu leur jugement. Si ce jugement n'a pu être rendu le jour même, une demi-heure au plus tard après la dernière course, il n'est plus procédé à la mise en vente.

Un cheval disqualifié avant l'expiration du délai assigné pour la vente, peut néanmoins être acheté pour une somme au moins égale à celle fixée par les conditions de la course, augmentée de la valeur du prix, alors même qu'il est stipulé que le gagnant seul sera à vendre.

Lorsqu'un cheval est disqualifié après avoir été vendu ou livré, son acquéreur a, suivant le cas, la faculté de refuser d'en prendre livraison, de le renvoyer ou de le garder au même prix que s'il s'agissait d'un autre cheval que le gagnant.

Art. 65. — *Maintenu* et complété par :

Dans le cas où l'acquéreur ne prend pas livraison et où le vendeur n'exige pas l'exécution de la vente, l'acquéreur n'en reste pas moins tenu envers la Société au paiement de l'excédent entre le prix moyennant lequel le cheval a été mis en vente et le montant de la réclamation ; faute de paiement, les dispositions du paragraphe précédent lui seront applicables.

Art. 66, 67. — *Maintenus.*

Art. 68. — § 1er, *maintenu* et complété ainsi :

Dans toutes les courses, les chevaux barbes, arabes ou issus du croisement de ces deux races inscrits au Stud-Book bénéficieront d'une décharge de 2 kilos.

Art. 69. — *Maintenu.*

Art. 70. — *Maintenu* et complété par :

Aucune surcharge ne peut être imposée à un cheval pour avoir été second ou placé dans une course ou pour avoir reçu une somme à ce titre.

Art. 71 et 72. — *Maintenus.*

Art. 73. — *Supprimé* et remplacé par :

Lorsqu'une objection contre la qualification d'un cheval est faite *avant la course*, la validité de cette qualification doit être prouvée par le propriétaire du cheval. Les Commissaires fixent l'époque à laquelle la preuve devra être fournie et si le cheval arrive premier l'argent est retenu.

Si, à l'époque fixée, la qualification du cheval n'est pas établie *à la satisfaction des Commissaires*, le prix est remis au propriétaire du second cheval.

Dans le cas où la réclamation contre la qualification d'un cheval est faite *après la course*, les preuves à l'appui doivent être fournies par la personne qui réclame. Les Commissaires peuvent exiger du propriétaire du cheval tous les éclaircissements qu'il est en son pouvoir de donner.

Art. 73 *bis* (nouveau).

Aussi longtemps qu'il n'a pas été statué sur une objection contre un cheval, la course à l'occasion de laquelle elle s'est produite, conserve à son égard tous ses effets.

Art. 74, 75 et 76. — *Maintenus.*

Des Commissaires des Courses.

Art. 77 (nouveau).

Les Commissaires des courses de chaque Société doivent publier le programme, recevoir les engagements, décider de la qualification des chevaux, comme il est dit à l'art. 9. Veiller au recouvrement des entrées ; fixer l'heure et l'ordre des courses, prendre les dispositions convenables pour le terrain, le pesage, la désignation des juges du départ et de l'arrivée et adresser leur programme et le compte rendu des courses au président de la Société d'Encouragement.

En cas de nécessité absolue, et lorsque des circonstances de force majeure rendent impossible de courir, les Commissaires ont le pouvoir de remettre les courses de jour en jour, mais pendant huit jours consécutifs seulement. Passé ce délai, les propriétaires auront le droit de retirer leurs engagements et de demander le remboursement de leurs entrées.

Art. 78 (nouveau).

Les Commissaires sont au nombre de trois *au moins* ; ils peuvent s'adjoindre une ou plusieurs personnes compétentes et leur déléguer une partie de leurs attributions.

Ni les commissaires, ni les personnes auxquelles ils délèguent leurs fonctions ne peuvent les exercer pour une course dans laquelle ils seraient directement ou indirectement intéressés.

Art. 79 (nouveau).

Toutes les réclamations ou contestations auxquelles les courses peuvent donner lieu sont jugées par les Commissaires. Leurs décisions sont sans appel, sauf dans le cas prévu par l'art. 9.

Ils ont le pouvoir de mettre à l'amende, de suspendre ou d'exclure de leur hippodrome tout propriétaire, entraîneur ou jockey ou toute autre personne placée sous leur contrôle.

Lorsque l'importance ou la difficulté d'une question leur paraît l'exiger, les Commissaires ont la faculté d'en déférer le jugement au Comité de la Société d'Encouragement pour l'amélioration des races de chevaux en Algérie.

Art. 80 (nouveau).

Lorsqu'en vertu des articles qui précèdent, un propriétaire, un entraîneur, un jockey ou un cheval, se trouve frappé d'exclusion par décision des Commissaires, cette exclusion ne s'applique qu'aux courses de leur Société, sauf dans le cas ou cette mesure serait étendue à toutes les Sociétés adhérentes, conformément à l'article 15 ci-dessous, du règlement de la Société d'Encouragement.

Art. 81 (nouveau).

Toute personne qui aura refusé de se soumettre à la juridiction telle qu'elle est établie par les articles du présent Code, soit des Commissaires de courses, soit du Comité de la Société d'Encouragement, soit des Commissaires de la Société d'Encouragement, ou qui n'exécutera pas leurs décisions sera exclue de toutes les courses régies par ce Code.

Des Jockeys.

Art. 82 (nouveau).

Sont seuls admis à courir dans les courses, les jockeys agréés par les Commissaires de la Société d'Encouragement.

Toutefois, les Commissaires de chaque Société pourront admettre provisoirement à monter les jockeys professionnels, sauf à transmettre ultérieurement une demande d'inscription aux Commissaires de la Société d'Encouragement.

Les Commissaires de chaque Société pourront encore autoriser des jockeys non professionnels à monter dans leurs courses, mais cette autorisation ne vaudra que sur leurs hippodromes. Au commencement de chaque année, les Commissaires de la Société d'Encouragement dressent, sur la demande des intéressés, et publient au *Bulletin officiel*, la liste des jockeys admis à monter dans les courses.

Pendant le cours de l'année, les Commissaires de la Société d'Encouragement ont la faculté d'agréer et de mettre à la suite de la liste les jockeys dont l'inscription leur serait demandée. Ils peuvent également retirer à un jockey l'autorisation de monter et rayer son nom de la liste.

L'inscription sur la liste n'a d'effet que pour l'année où elle a lieu.

Art. 83 (nouveau).

Si un jockey engagé pour un certain temps, ou pour une certaine course, refuse d'exécuter son engagement, les Commissaires de la Société d'Encouragement peuvent lui imposer une amende ne dépassant pas 500 francs et lui interdire de monter pendant le temps qu'ils jugent convenable.

Courses d'Obstacles.

Dispositions maintenues et complétées par :

5° Le temps accordé pour une course ne pourra jamais se prolonger au-delà de vingt minutes après que le signal du départ a été donné. Passé ce délai, le prix sera acquis au fonds de course.

Courses de Gentlemen.

Dispositions maintenues.

Il est ajouté au premier paragraphe, après les mots *sui-*

vant *les épreuves* les mots *avec faculté d'admettre les chevaux hongres.*

Tableau des Poids.

Courses au galop. — Tableau des poids maintenu.

Les pages 24 et 25, faisant suite sur l'ancien code imprimé, au tableau des poids, sont adoptées en entier.

Est ajoutée la note suivante : Les chevaux de deux ans ne peuvent courir qu'entre eux.

Courses au Trot.

Il est ajouté au premier paragraphe des dispositions fondamentales, les mots *ou en Tunisie.*

Le paragraphe 1" est ainsi modifié : Les chevaux hongres peuvent être admis dans les prix inférieurs à 300 francs.

Le paragraphe 2 est modifié de la façon suivante : Tout cheval qui prendra le galop devra immédiatement être remis au trot. Les Commissaires pourront prononcer la mise hors de course de tout cheval qui aurait parcouru au galop une partie plus ou moins longue de la piste.

Les Commissaires seront seuls et souverainement juges du point de savoir si un cheval a ou non galopé de façon à fausser les résultats de la course.

Tableau des distances et poids pour le trot, *maintenu,* ainsi que les notes qui y font suite.

Règlement de la Société d'Encouragement.

Art. 1er.

Ainsi modifié : Le siège de la Société est fixé à Alger.

Art. 2.

Ainsi modifié : La Société est représentée par un Comité nommé en Congrès par les délégués des Sociétés et composé de 12 membres, à raison de 4 par département, dont un président, deux vice-présidents et un secrétaire.
La durée de ses fonctions est de trois années.

Art. 3. — *Maintenu.*

Art. 4.

Ainsi modifié : Un Congrès se réunira tous les trois ans à Alger, au siège de la Société.

Art. 5.

§ 1er, *maintenu.* — § 2, *supprimé.*

Art. 6. — *Maintenu.*

Art. 7.

Ainsi modifié : En cas de mort ou de démission d'un des membres du Comité, il sera pourvu à son remplacement par le Comité qui choisira le remplaçant dans le département que représentait le membre décédé ou démissionnaire.

Art. 8 et 9. — *Maintenus.*

Art. 10.

Les mots *avant sa publication* sont remplacés par ceux : *au moins deux mois à l'avance et en triple expédition.*

Art. 11, 12, 13 et 14. — *Maintenus.*

Art. 15.

Les mots *pour faits de courses* sont remplacés par ceux *pour faits se rapportant aux courses.*

ART. 16.

Même modification.

Art. 17 et 18. — *Maintenus.*

Des Commissaires de la Société d'Encouragement.

L'article 19 est reporté à la fin et prend le n° 20.

Art. 19 (nouveau).

Les Commissaires sont au nombre de trois. Ils sont nommés par le Congrès et choisis parmi les membres du Comité non propriétaires de chevaux de courses.

En cas de mort ou de démission, ils sont remplacés par les soins du Comité.

Les Commissaires exécutent les décisions du Comité; ils statuent en appel dans les conditions prévues par l'art. 9, sans qu'il soit besoin de recourir au Comité.

Ils décident des contestations qui leur sont soumises lorsque les partis s'engagent à se soumettre à leur décision.

Art. 20 (nouveau).

Cet article est la reproduction de l'article 19 de l'ancien texte.

Après examen du Code, le Congrès procède à la nomination du Comité institué par l'art. 2.

Sont élus : MM. Albouy, Altairac, Badarous, Barbier, Bedouet, Buhot, Caillat, Descours, Divielle, Dubourg, Duthier et Ricci.

M. Altairac est élu *président*.

MM. Divielle et Dubourg, *vice-présidents*.

M. Ricci, *secrétaire*.

Sont élus commissaires, conformément à l'art. 19 :

MM. Altairac, Caillat, Divielle.

Le Congrès vote ensuite les résolutions suivantes :

« Considérant les effets désastreux de l'application, en Algérie, de la loi du 2 juin 1891 dite loi Riotteau ;

« Considérant qu'antérieurement à l'application, toutes les Sociétés d'Algérie, sans aucune exception, consacraient à l'élevage la totalité de leurs ressources ;

« Considérant que les revenus tirés par les Sociétés d'Algérie du fonctionnement du pari mutuel sont, pour la plupart d'entre elles, des plus minimes ;

« Considérant que le peu d'importance des sommes à percevoir par l'État est hors de proportion avec les frais de perception ;

« Que les Sociétés et les éleveurs seront appauvris, sans profit aucun pour personne ;

« Émet le vœu, à l'unanimité :

« Que le décret du 11 novembre 1896 rendant applicable à l'Algérie les dispositions de la loi du 2 juin 1891 soit rapporté. »

Le Congrès vote également le vœu suivant :

« Considérant les services incontestables rendus par l'institution du Stud-Book à l'élevage en Algérie ;

« Considérant qu'il y a lieu de prendre les mesures les plus sévères pour assurer la sincérité des certificats délivrés aux chevaux inscrits au Stud Book,

« Émet le vœu à l'unanimité :

« Que le Service des Remontes procède, de concert avec le Comité de la Société d'Encouragement, à l'examen et à la mise en œuvre des moyens propres à entourer l'origine des chevaux stud-bookés de toutes les garanties possibles ».

Le Président,	*Le Secrétaire,*
FRÉDÉRIC ALTAIRAC.	FERNAND BUC...

Alger. — Imprimerie P. Fontana et Cⁱᵉ, rue d'Orléans, 1897.